全国中等职业学校电工类专业通用
全国技工院校电工类专业通用（中级技能层级）

电气控制线路与PLC
习题册

孙怀荣　主编

中国劳动社会保障出版社

简　介

本习题册是全国中等职业学校电工类专业通用教材 / 全国技工院校电工类专业通用教材（中级技能层级）《电气控制线路与 PLC》的配套用书。本习题册按照教材章节编排，内容紧扣教材的教学要求，知识点分布均衡，题型丰富多样，习题难易适中，有助于学生复习巩固所学知识。

本习题册由孙怀荣任主编，浦金标、陆志忠、张艳婷、史海威参加编写。

图书在版编目（CIP）数据

电气控制线路与 PLC 习题册 / 孙怀荣主编 . -- 北京：中国劳动社会保障出版社，2022

全国中等职业学校电工类专业通用　全国技工院校电工类专业通用 . 中级技能层级

ISBN 978-7-5167-5519-8

Ⅰ. ①电…　Ⅱ. ①孙…　Ⅲ. ①电气控制 - 控制电路 - 中等专业学校 - 习题集 ② PLC 技术 - 中等专业学校 - 习题集　Ⅳ. ①TM571.2-44 ② TM571.6-44

中国版本图书馆 CIP 数据核字（2022）第 135967 号

中国劳动社会保障出版社出版发行

（北京市惠新东街 1 号　邮政编码：100029）

*

北京昌联印刷有限公司印刷装订　　新华书店经销

787 毫米 ×1092 毫米　16 开本　4.5 印张　95 千字

2022 年 9 月第 1 版　　2025 年 11 月第 5 次印刷

定价：10.00 元

营销中心电话：400-606-6496

出版社网址：http: //www.class.com.cn

http: //jg.class.com.cn

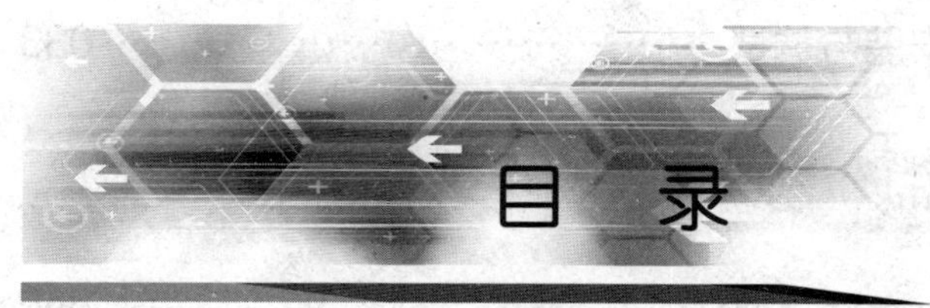

目录

项目一 典型低压电器及 PLC 的认识

项目二 三相异步电动机点动与自锁控制线路安装与调试

项目三 三相异步电动机正反转控制线路安装与调试

项目四 三相异步电动机自动往返控制线路安装与调试

项目五 三相异步电动机 Y- △降压启动控制线路安装与调试

项目六 三相异步电动机顺序控制线路安装与调试

项目七　三相异步电动机制动控制线路安装与调试

项目八　PLC 步进顺控指令的应用

项目九　PLC 功能指令的应用

项目一　典型低压电器及 PLC 的认识

任务 1　典型低压电器的认识

一、填空题

1．根据工作电压的高低，电器可分为 ____________ 和 ____________。

2．工作在额定电压交流 ________V 及以下或直流 _______V 及以下的电器称为低压电器。

3．按用途和所控制的对象不同，低压电器可分为 ____________ 和 ____________。

4．低压配电电器包括 ______________、______________、______________ 和 ______________ 等。

5．组合开关又称为 ________，常用于交流 50 Hz、380 V 以下及直流 220 V 以下的电气线路中，供手动不频繁地接通和断开电路，换接 ________ 和 ________ 以及控制 ________kW 以下小容量异步电动机的启动、停止和正反转。

6．低压断路器又称为 ______________ 或 ______________，简称断路器，用于不频繁地接通和断开电路以及控制电动机的运行。当电路中发生 ________、________ 和 ________ 等故障时，能自动切断故障电路，保护线路和电气设备。

7．熔断器是低压配电网络和电力拖动系统中用作 ________ 的电器，使用时 ________ 在被保护的电路中。

8．按钮的触头容量一般不超过 ________A，因此一般情况下不用它直接控制 ________ 的通断。

9．按钮一般由 ________、________、________、________、支柱连杆及外壳等部分组成。

10．根据在不受外力作用时触头的分合状态不同，按钮可分为 ________、________ 和 ________。

11．接触器按主触头通过的电流种类，可分为 ________ 和 ________ 两种。

12．交流接触器主要由 ________、________、________ 和 ________ 等组成。

13．为了减小工作过程中交变磁场在铁芯中产生的 ________ 等，避免铁芯过热，交流接触器的铁芯和衔铁一般用 ________ 叠压而成。

14．热继电器主要由 ________、________、________、______________、复位机构和温度补偿元件等组成。

二、选择题

1. HK 系列开启式负荷开关可用于功率小于（　　）kW 的电动机控制线路中。

A. 5.5　　B. 7.5　　C. 10　　D. 15

2. HK 系列开启式负荷开关用于控制电动机的直接启动和停止时，应选用额定电流不小于电动机额定电流（　　）倍的三级开关。

A. 1.5　　B. 2　　C. 3　　D. 4

3. 在 DZ5–20 型低压断路器中，电磁脱扣器的作用是（　　）。

A. 过载保护　　B. 短路保护　　C. 欠压保护　　D. 断电保护

4. DZ5–20 型低压断路器的过载保护是由断路器的（　　）完成的。

A. 欠压脱扣器　　B. 电磁脱扣器　　C. 热脱扣器　　D. 熔断器

5. 熔断器串接在电路中主要用作（　　）。

A. 短路保护　　B. 过载保护　　C. 欠压保护　　D. 以上都不对

6. 熔断器的额定电流应（　　）所装熔体的额定电流。

A. 大于　　B. 大于或等于　　C. 小于　　D. 二者无关

7. RL1 系列螺旋式熔断器广泛用于控制柜、配电屏、机床设备及震动较大的场合，在交流额定电压 500 V、额定电流（　　）A 及以下的电路中用作短路保护元件。

A. 100　　B. 200　　C. 400　　D. 600

8. 按钮帽的颜色和符号标志的作用是（　　）。

A. 注意安全　　B. 引起警惕　　C. 区分功能　　D. 区分位置

9. 停止按钮应优先选用（　　）。

A. 红色　　B. 白色　　C. 黑色　　D. 绿色

10. 交流接触器的铁芯端面装有短路环的目的是（　　）。

A. 减小铁芯振动　　B. 增大铁芯磁通

C. 减缓铁芯冲击　　D. 增大铁芯冲击

11. 在热继电器中双金属片的弯曲主要是由于两种金属材料的（　　）不同。

A. 机械强度　　B. 导电能力　　C. 热膨胀系数　　D. 电阻率

12. 一般情况下，热继电器中热元件的整定电流为电动机额定电流的（　　）倍。

A. 4 ~ 7　　B. 0.95 ~ 1.05　　C. 1.5 ~ 2　　D. 4

三、问答题

1. 熔断器在电路中的作用是什么？它由哪些主要部件组成？如何选取熔体和熔断器的规格？

2. 熔断器用于保护交流三相笼型异步电动机时，若电动机过载电流为电动机额定电流的两倍，熔断器能不能起到保护作用？

3. 低压断路器有哪些脱扣器？各起什么作用？

4．画出下列电气元件的图形符号，并标出其文字符号。

（1）熔断器；（2）低压断路器；（3）转换开关。

5．某机床装有 1 台三相笼型异步电动机，其额定功率为 5.5 kW，额定电压为 380 V，额定电流为 12.5 A，启动电流为额定电流的 7 倍，现用按钮进行启停控制，需有短路保护和过载保护，试为其选用接触器、按钮、熔断器、热继电器和电源开关的型号。

任务 2 PLC 的认识

一、填空题

1．可编程序控制器的硬件组成与微型计算机相似，其主机由 ____________、____________、____________、____________ 等部分组成。

2．可编程序控制器的输出有三种形式：第一种是 __________________，第二种是 __________________，第三种是 __________________。

3．一般将输入 / 输出总点数在 _______ 点以内的 PLC 称为小型 PLC；将输入 / 输出总点数大于 _______ 点、小于 _______ 点的 PLC 称为中型 PLC；将输入 / 输出总点数超过 _______ 点的 PLC 称为大型 PLC。

二、选择题

1．一般公认的 PLC 的发明时间为（　　）年。

A．1945　　B．1968　　C．1969　　D．1970

2．十六进制的 F，转变为十进制是（　　）。

A．31　　B．32　　C．15　　D．29

3．FX 系列 PLC 是（　　）公司的产品。

A．德国西门子　　B．日本三菱

C．美国霍尼韦尔　　D．日本富士

4．PLC 的结构组成中不包括（　　）。

A．CPU　　B．输入 / 输出部件

C．物理继电器　　D．存储器

5．FX 系列 PLC 中，输入信号采用（　　）标注，输出信号采用（　　）标注。

A．X　Y　　B．Y　X　　C．I　Q　　D．Q　I

6．关于 PLC，下列描述中错误的是（　　）。

A．PLC 是一种小型的工业计算机　　B．PLC 的抗干扰能力强

C．PLC 只能控制开关量　　D．模块式 PLC 装配维护方便

7．划分大型、中型和小型 PLC 的主要依据是（　　）。

A．模拟量的输入、输出点数　　B．开关量的输入数

C．输入、输出点数　　D．开关量的输出数

三、问答题

1．PLC 主要应用在哪些领域？

2．简述 PLC 的基本结构和工作原理。

3．PLC 型号“FX_{3U}-32MR”的含义是什么？

4．查阅相关资料，简述 PLC 的发展趋势。

项目二　三相异步电动机点动与自锁控制线路安装与调试

任务 1　继电器实现的点动与自锁控制线路安装与调试

一、填空题

1．电路图一般由＿＿＿＿＿＿＿、＿＿＿＿＿＿＿和＿＿＿＿＿＿＿三部分组成。

2．在控制电路图中，同一电器的各元件不按它们的＿＿＿＿＿＿画在一起，而是按其在线路中所起的作用分画在电路中＿＿＿＿＿＿的位置，但它们的动作却是相互＿＿＿＿＿＿的，必须用同一＿＿＿＿＿＿标注。

3．电路图中各电器的触头状态都按电路未＿＿＿＿＿＿或电器未受＿＿＿＿＿＿作用时的＿＿＿＿＿＿画出。

4．电路图是电气线路安装、＿＿＿＿＿＿和＿＿＿＿＿＿的理论依据。

5．电路图通常采用电路编号法，即对电路中的各个节点用＿＿＿＿＿＿或＿＿＿＿＿＿进行编号，以便于电路安装接线和故障检修。

6．安装并调试电气控制线路一般可分为选用＿＿＿＿＿、检测＿＿＿＿＿＿、绘制＿＿＿＿＿＿、安装＿＿＿＿＿、连接＿＿＿＿＿、＿＿＿＿＿＿和＿＿＿＿＿＿七个步骤。

7．自锁控制是指当手松开＿＿＿＿＿＿＿后，接触器通过自身的＿＿＿＿＿＿＿使其＿＿＿＿＿保持得电，从而使＿＿＿＿＿＿＿保持运转的控制方式。

8．与启动按钮＿＿＿联起＿＿＿＿作用的接触器的＿＿＿＿触头称为自锁触头。

二、选择题

1．熔断器在点动控制线路中主要起（　　）作用。

A．过载保护　　B．短路保护　　C．过流保护　　D．漏电保护

2．常开按钮在点动控制线路中起（　　）作用。

A．接通电路　　B．断开电路　　C．保护电路　　D．绝缘

3．接触器触头是依靠（　　）的作用而发生动作的。

A．电磁力　　B．电场力　　C．机械力　　D．其他力

4．下列选项中，按下启动按钮时能实现点动控制的是（　　）。

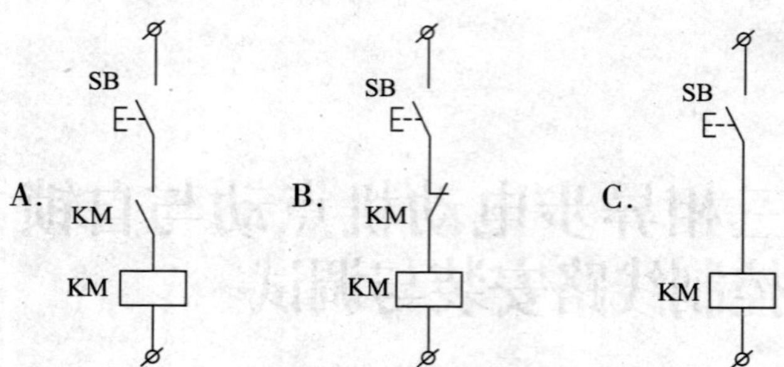

5. 在接触器自锁控制线路中，能实现过载保护的电器是（　　）。
   A. 熔断器　　B. 热继电器　　C. 接触器　　D. 按钮
6. 在接触器自锁控制线路中，能实现欠压和失压保护的电器是（　　）。
   A. 熔断器　　B. 热继电器　　C. 接触器　　D. 按钮
7. 在接触器自锁控制线路中，自锁触头是接触器的一对（　　）。
   A. 辅助常开触头　　B. 主触头　　C. 辅助常闭触头　　D. 联锁触头

三、问答题

1. 什么是点动控制？画出三相异步电动机点动控制线路原理图，并叙述其工作原理。

2. 画出接触器自锁控制线路原理图，并叙述其工作原理。

3. 在电动机控制电路中，熔断器和热继电器分别起什么作用？两者能否相互代替使用？若不能，请解释原因。

4．分析图 2-1-1 所示接触器自锁控制电路中存在的错误及会出现的故障现象，并加以改正。

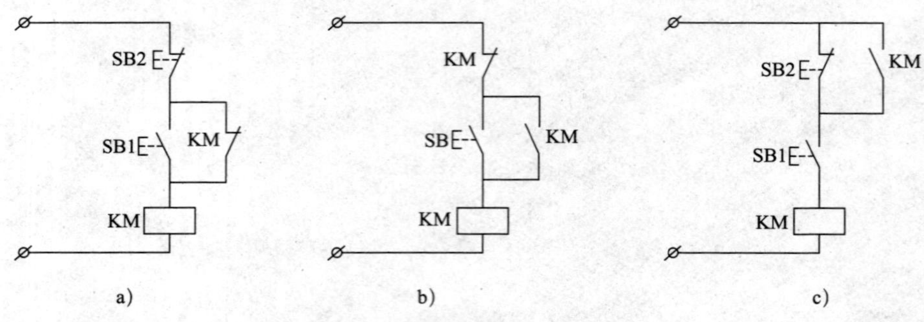

图 2-1-1　接触器自锁控制电路

任务 2　PLC 实现的点动与自锁控制线路安装与调试

一、填空题

1．输入 PLC 程序时，若要修改触点，只要把光标移在 ＿＿＿＿＿＿ 的触点上，直接输入 ＿＿＿＿＿＿，按回车键即可。

2．把光标点在需要删除的触点上，再按键盘上的 ＿＿＿＿＿＿ 键，即可将其删除，再点击直线，按回车键即可。

3．使用 GX works2 软件时，程序输入完成，在写入 PLC 之前，必须进行 ＿＿＿＿＿＿，才可以存盘或传送。

4．在程序调试阶段，在各段程序中插入 ________ 指令，可依次检查各程序段的动作，在确认程序正确无误后，依次删除 ________ 指令。

5．梯形图编程时应注意，________ 和 ________ 指令必须由左母线开始。

6．写出下列指令助记符的中文名称：LDI ______________；AND ______________；ORI ______________；END ______________。

7．三菱 FX 系列 PLC 输入继电器采用英文字母 ________ 加 ________ 进制数字进行命名。输入继电器必须由 ________ 进行驱动。

二、选择题

1．通常 PLC 使用的编程语言有语句表、(　　)、功能图三种语言。

A．逻辑图　　B．BASIC　　C．梯形图　　D．GX Works2

2．一般来说，实现同样的控制任务，用 PLC 实现比用纯继电器系统实现（　　）。

A．硬件成本更低　　B．设计施工周期长

C．功能改变更灵活方便　　D．功能不易改变

3．控制电路中，如果两个动合（常开）触点串联，则它们是（　　）逻辑关系。

A．“或”　　B．“与”　　C．“非”　　D．“与非”

4．使用 GX Works2 软件编程，新建一个文件时，必须选择（　　）的类型。

A．PLC　　B．CPU　　C．软件　　D．文件夹

5．输入梯形图程序时，可以使用快捷键，其中输入常开触点的快捷键是（　　）。

A．F1　　B．F4　　C．F5　　D．F8

三、问答与操作题

1．PLC 控制系统与继电器控制系统相比有哪些区别？

2．输入图 2–2–1 所示的 PLC 程序梯形图，并联机调试，写出分别接通 X1、X2、X4 和同时接通 X3、X0 后，Y0 ~ Y4 指示灯的变化情况。

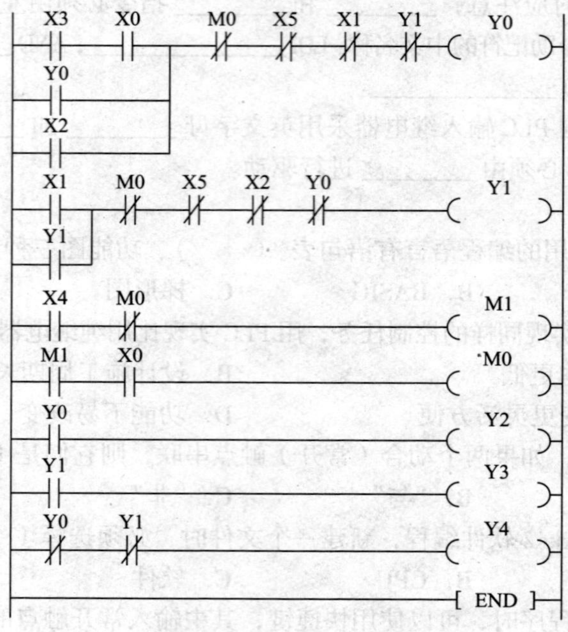

图 2–2–1　梯形图

3．将图 2–2–2 所示两个梯形图转化为指令语句表。

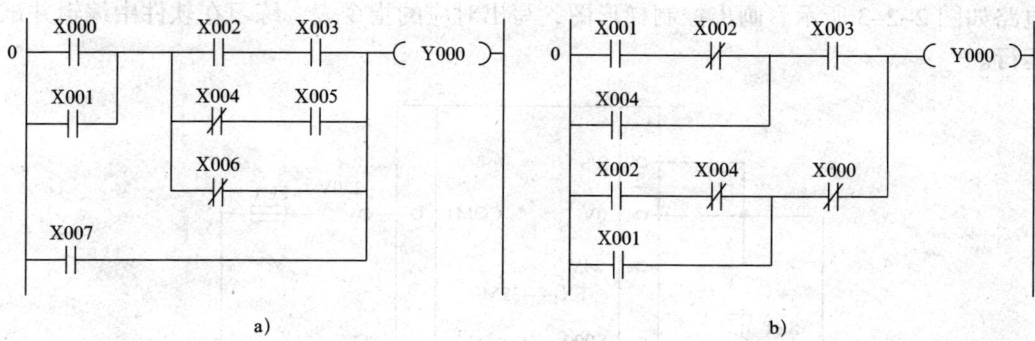

图 2–2–2 梯形图

4. 改变自锁控制电路的 PLC 接线图，将热继电器常闭触点与接触器线圈串接，电路如图 2-2-3 所示。画出控制梯形图，写出对应的指令表，练习在软件中编辑并试运行。

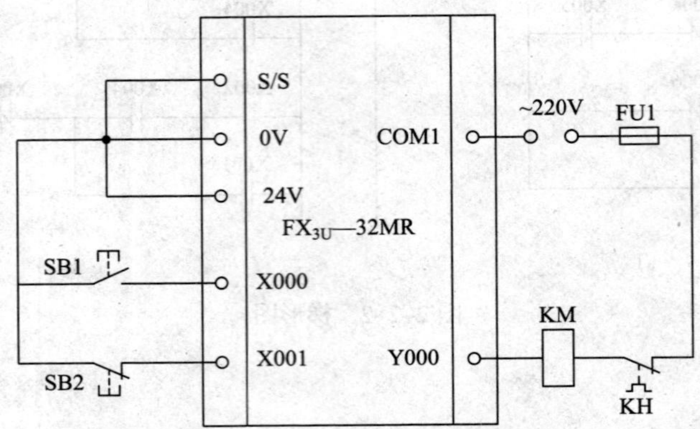

图 2-2-3　自锁电路的 PLC 外部接线图

项目三　三相异步电动机正反转控制线路安装与调试

任务1　继电器实现的正反转控制线路安装与调试

一、填空题

1．在正反转控制线路中，必须增加 ____________ 保护控制，以防两只接触器同时 ____________，而造成两相电源的 ____________ 事故。

2．只要改变通入三相异步电动机的三相电源的 ____________，就能改变三相异步电动机定子绕组产生的 ______________ 方向，从而实现电动机反转。

3．在操作接触器互锁正反转控制线路时，要使电动机从正转变为反转，必须先按下 ____________ 按钮，然后再按下 ____________ 按钮。

4．接触器、按钮双重联锁正反转控制线路的优点是无须 ____________________，可直接 ____________________ 即可实现反转。

二、选择题

1．在接触器互锁正反转控制线路中，为防止两相电源短路事故，必须在正反转控制线路中分别串接（　　）。

A．联锁触头　　B．自锁触头　　C．主触头　　D．电阻

2．在接触器互锁正反转控制线路中，联锁触头应是对方接触器的（　　）。

A．辅助常开触头　　B．辅助常闭触头

C．主触头　　D．线圈

3．在操作接触器、按钮双重互锁正反转控制线路时，当按下正转或反转启动按钮时，电动机旋转方向都不变，造成这一现象的可能原因是（　　）。

A．反转接触器线圈没得电　　B．反转接触器主触头没闭合

C．两只接触器主触头没换相　　D．以上都不对

三、问答题

1．如何实现三相异步电动机的正反转？在接触器联锁电动机正反转控制线路的主电路中，两只接触器主触头的接线有什么特点？

2．什么是联锁控制？在接触器联锁电动机正反转控制线路中，为什么要加入联锁控制？

3．画出接触器、按钮双重联锁正反转控制线路原理图，并分析线路的工作原理。

四、故障分析题

几种接触器互锁正反转控制线路如图 3-1-1 所示。分析各电路能否正常工作。若不能正常工作，说明原因并加以改正。

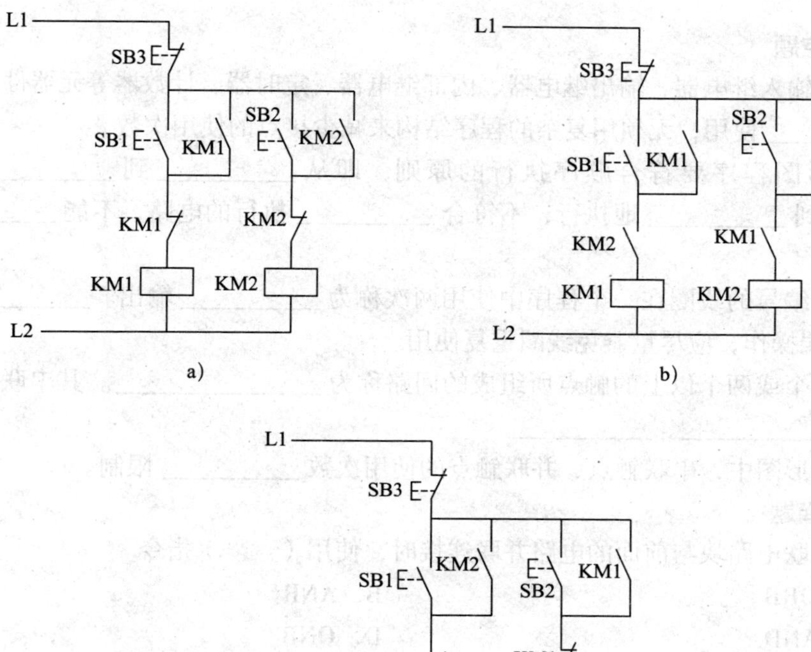

图 3-1-1 接触器互锁正反转控制线路

任务 2　PLC 实现的正反转控制线路安装与调试

一、填空题

1. 外部输入继电器、输出继电器、内部继电器、定时器、计数器等元器件的接点可 ________ 使用，无须用复杂的程序结构来减少接点的使用次数。

2. 梯形图程序要符合顺序执行的原则，即从 ________ 到 ________，从 ________ 到 ________ 地执行，不符合 ________ 执行的电路，不能 ________ 编程。

3. 同一编号的线圈在一个程序中使用两次称为 ________ 输出。________ 输出容易引起误操作，应尽量避免线圈重复使用。

4. 由两个或两个以上的触点所组成的回路称为 ________。其串联、并联指令分别为 ________、________。

5. 在梯形图中，串联触点、并联触点的使用次数 ________ 限制。

二、选择题

1. 当串联电路块与前面的电路并联连接时，使用（　　）指令。

A. ORB　　B. ANB

C. AND　　D. ONB

2. 并联电路块的分支结束后，需使用（　　）指令。

A. ORB　　B. ANB

C. AND　　D. ONB

3. 线圈不能直接与（　　）母线相连。

A. 左　　B. 右

C. 任何　　D. 非

4. 在继电器控制电路图转换设计法中，各类按钮、开关及传感器等用 PLC 的（　　）替代。

A. 输入继电器　　B. 输出继电器

C. 辅助继电器　　D. 中间继电器

5. 在设计正反转控制的 I/O 接线图时，为了防止接触器主触头熔焊造成主电路电源相间短路，必须（　　）。

A. 添加熔断器

B. 进行 PLC 软继电器互锁

C. 进行 PLC 输出端外部硬件联锁

D. 添加热继电器

三、程序设计题

在电动机控制中，交流接触器的主触点会因电弧烧结在一起而不易断开。用 PLC

设计一个电动机正反转控制系统，要求在按下停止按钮后，能检测交流接触器是否断开，如果没有断开，PLC 将输出报警信号，使红色报警指示灯常亮。完成电路设计，分配 I/O 地址，画出 PLC 外部接线图，编写 PLC 梯形图程序。将编好的程序下载到 PLC 中运行，并模拟故障现象。

项目四　三相异步电动机自动往返控制线路安装与调试

任务 1　继电器实现的自动往返控制线路安装与调试

一、填空题

1. 行程开关又称＿＿＿＿＿＿开关，它是利用生产机械上某些运动部件的＿＿＿＿＿＿来发出控制指令的一种主令电器。

2. 在工作台自动往返控制线路中，利用＿＿＿＿＿＿来自动切换电动机＿＿＿＿＿＿＿＿＿＿控制电路，从而实现电动机拖动工作台做自动往返运动。

二、选择题

1. 在下列选项中，正确的行程开关型号为（　　）。

A. LA19–2H　　B. LX19–111　　C. LW6–3　　D. AL19–111

2. 进入走线槽内的导线要完全置于走线槽内，并尽可能避免交叉，装线不要超过其容量的（　　），以便于能盖上线槽盖，便于以后的装配及维修。

A. 50%　　B. 60%　　C. 70%　　D. 90%

三、问答题

分析图 4–1–1 所示工作台自动往返控制线路原理图，简要说明控制线路中四只行程开关的作用。

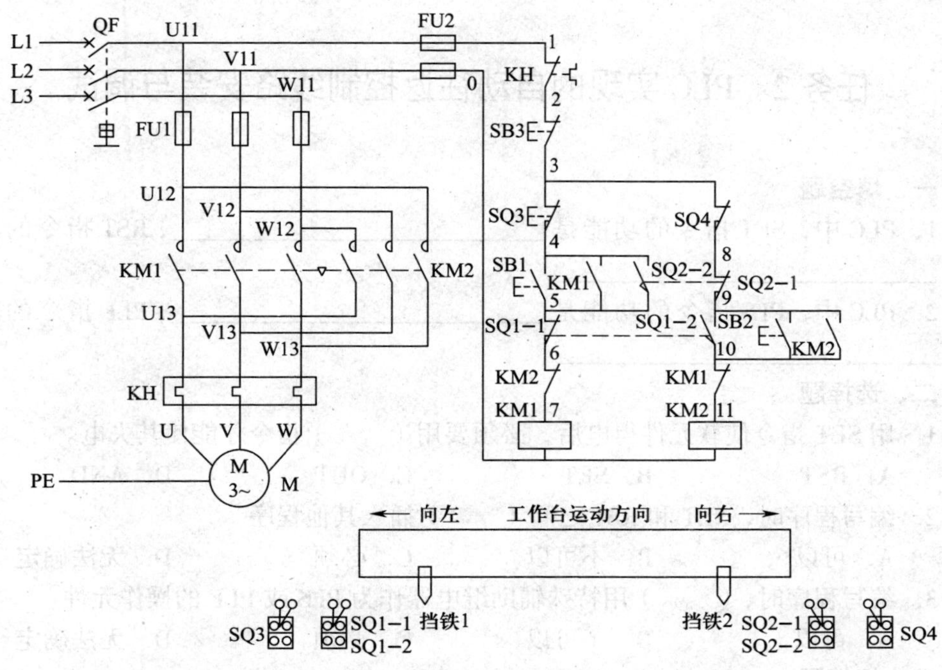

图 4-1-1 工作台自动往返控制线路图

四、故障分析题

在操作工作台自动往返控制线路运行中，当发生表 4-1-1 所述故障现象时，根据图 4-1-1 所示线路，分析故障原因，写出检查及处理方法。

表 4-1-1 工作台自动往返控制线路故障分析

故障现象	故障原因	检查及处理方法
按下 SB1 后工作台左移，工作台左移到 SQ1 位置后不能停止，继续左移到 SQ3 位置后，随即停止		

任务 2　PLC 实现的自动往返控制线路安装与调试

一、填空题

1. PLC 中，SET 指令的功能是＿＿＿＿＿＿＿＿＿＿＿＿＿＿；RST 指令的功能是＿＿＿＿＿＿＿＿＿＿＿＿＿＿。

2. PLC 中，PLS 指令的功能是＿＿＿＿＿＿＿＿＿＿＿＿＿＿；PLF 指令的功能是＿＿＿＿＿＿＿＿＿＿＿＿＿＿。

二、选择题

1. 用 SET 指令使软元件得电后，必须要用（　　）指令才能使其失电。

A．RST　　B．SET　　C．OUT　　D．AND

2. 编写程序时，SET 和 RST 之间（　　）插入其他程序。

A．可以　　B．不可以　　C．必须　　D．无法确定

3. 编写程序时，（　　）用特殊辅助继电器作为 PLS 或 PLF 的操作元件。

A．可以　　B．不可以　　C．必须　　D．无法确定

三、问答题

简述行程开关与接近开关的区别。

四、程序设计题

用 PLC 实现如图 4-2-1 所示电动机点动与连续控制线路的控制功能，完成主电路及控制电路设计、I/O 地址分配、PLC 程序编制。将编好的程序下载到 PLC 中运行。

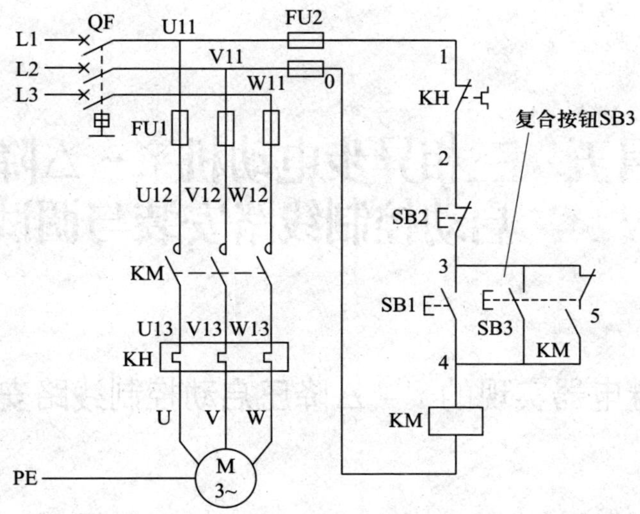

图 4-2-1 电动机点动与连续控制线路图

项目五　三相异步电动机Y－△降压启动控制线路安装与调试

任务 1　继电器实现的Y－△降压启动控制线路安装与调试

一、填空题

1．三相异步电动机的启动一般分为＿＿＿＿＿＿启动和＿＿＿＿＿＿启动两种方式。

2．降压启动是指利用启动设备将电源电压适当＿＿＿＿＿＿后，加到电动机的定子绕组上进行启动，待电动机启动运转后，再使其电源电压恢复到＿＿＿＿＿＿电压正常运转。由于电流随电压的降低而减小，所以降压启动达到了减小＿＿＿＿＿＿的目的。

3．Y－△降压启动是指电动机在启动时，将其三相定子绕组接成＿＿＿＿形降压启动，启动结束后，再将电动机定子绕组接成＿＿＿＿形全压运行，因此，Y－△降压启动只适用于＿＿＿＿＿＿接法的三相异步电动机。

二、选择题

1．对延时精度要求较高的场合，可采用（　　）式时间继电器。

A．电磁　　B．空气阻尼　　C．电子　　D．机械

2．在（　　）的场合，不宜采用电动式时间继电器。

A．电源频率波动大　　B．温度变化较大

C．电源电压波动大　　D．以上都不对

3．在图 5–1–1 所示控制线路中，电动机作Y形降压启动时，处于得电状态的用电器是（　　）。

A．KM　　B．KM、KM_{Y}

C．KM、KM_{Y}、KT　　D．KM、KT

4．在图 5–1–1 所示控制线路中，电动机作△形正常运转时，处于得电状态的用电器是（　　）。

A．KM　　B．KM、$KM_{\triangle}$

C．KM、$KM_{\triangle}$、KT　　D．KM、KT

5．在图 5–1–1 所示控制线路中，按下 SB1 后，电动机一直处于Y形启动状态，不能切换成△形运转，其故障原因是（　　）。

A．KT 线圈不能得电　　B．KM_Y 线圈不能得电

C．$KM_△$ 线圈不能得电　　D．KM 线圈不能得电

6．在图 5-1-1 所示控制线路中，若接触器 $KM_△$ 线圈断路，按下 SB1 后，电动机的工作状态是（　　）。

A．一直处于Y形启动　　B．Y形启动结束，电动机随即停止

C．不运转　　D．直接△形运行

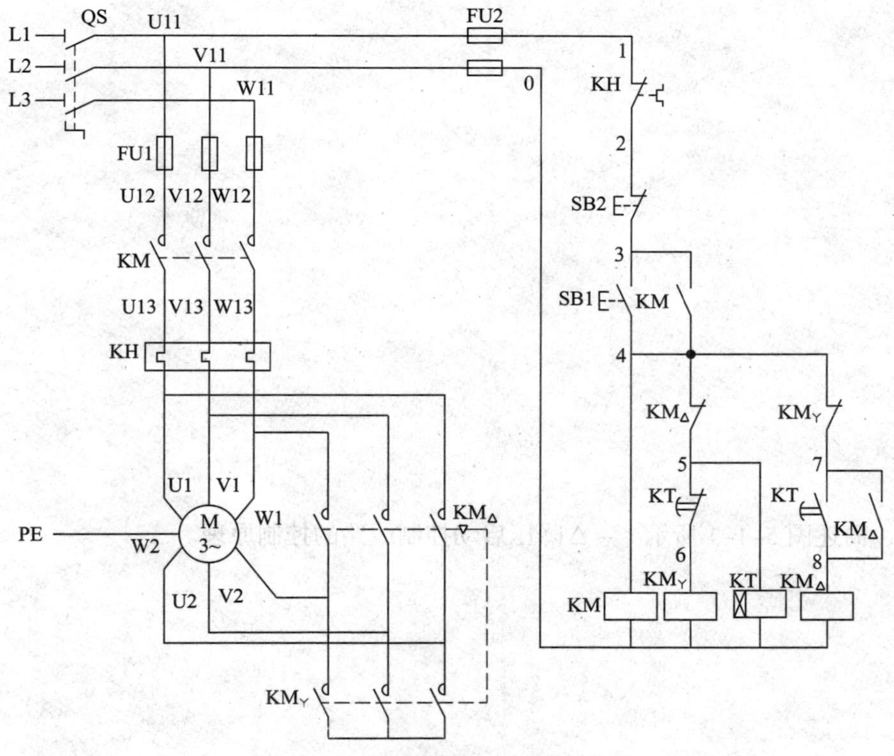

图 5-1-1　Y－△降压启动控制线路

三、问答题

1．什么是降压启动？常用的降压启动有哪些方法？在三相异步电动机启动时，为什么要采用降压启动？

2．定子绕组为Y形接法的三相笼型异步电动机能否采用Y－△降压启动方式？为什么？

3．简述图 5–1–1 所示Y－△降压启动控制线路的控制原理。

四、设计题

某设备由两台电动机拖动，试根据以下控制要求设计主电路和控制线路。

1．第一台电动机启动10 s后，第二台电动机自行启动。

2．运行5 s后，第一台和第二台电动机停止。

3．第一台电动机采用Y－△降压启动。

任务 2　PLC 实现的Y－△降压启动控制线路安装与调试

一、填空题

1．MC 主控指令的含义是：____；MCR 主控指令的含义是：____。

2．定时器以 ________ 进制编号。

3．定时器可分为 ____________ 定时器和 ____________ 定时器两类。

4．在 MC 和 MCR 指令内可以嵌套使用 MC、MCR 指令，最多不超过 _____ 级。

二、选择题

1．每个定时器都有 1 个线圈和（　　）个触点可供用户编程使用。

A．1　　B．2　　C．无数　　D．4

2．10 ms 定时器的编号为（　　）。

A．T0 ~ T199　　B．T200 ~ T245　　C．T256 ~ T511　　D．T512 ~ T590

3．在 MC 指令内再使用 MC 指令时，嵌套级 N 的编号应（　　）。

A．顺次增大　　B．顺次减小　　C．连续编排　　D．随机编排

4．T0 的时间设定值为 K230，则其实际设定时间为（　　）s。

A．230　　B．23　　C．12.3　　D．0.23

5．MC、MCR 指令的目标元件为（　　）。

A．Y　　B．M　　C．Y 和 M　　D．S

三、问答题

继电器电路中的时间继电器和 PLC 中的定时器有什么相同点？有什么不同点？

四、程序设计题

1．用定时器指令编写 1 个程序，实现以下控制功能：在 X000 为 ON 并维持 35 s 后，使 Y000 接通并保持，同时该定时器立即复位；而在 Y000 接通 15 s 后自动断开。

2．用定时器指令编写 2 s 方波发生器控制程序，其时序图如图 5–2–1 所示。

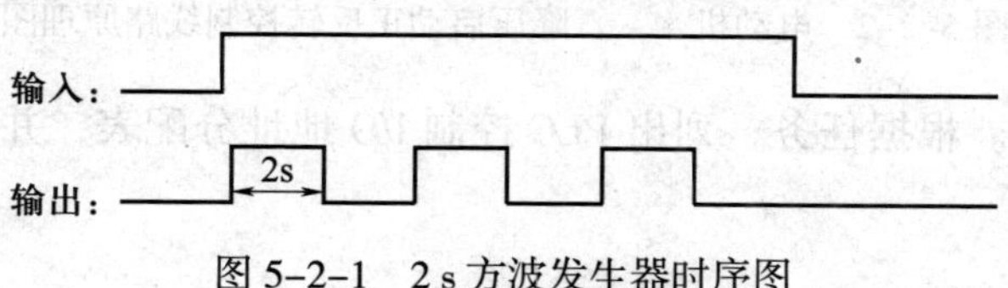

图 5–2–1 2 s 方波发生器时序图

3. 用 PLC 改造如图 5–2–2 所示电动机Y–△降压启动正反转控制线路，并进行安装与调试。

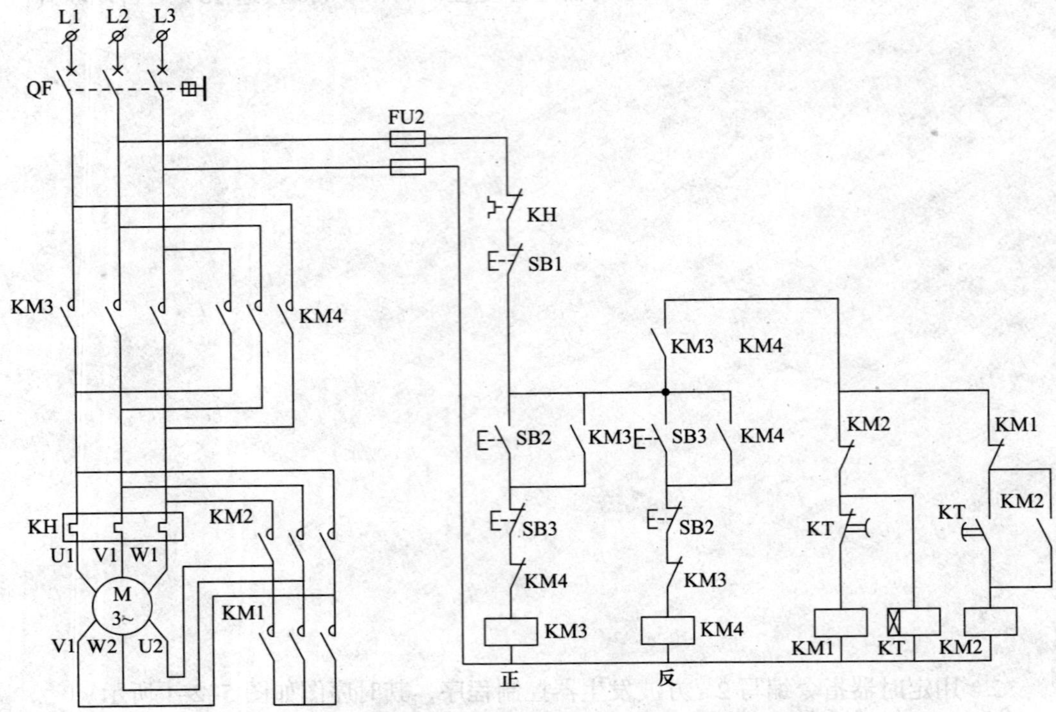

图 5–2–2　电动机Y–△降压启动正反转控制线路原理图

（1）电路设计。根据任务，列出 PLC 控制 I/O 地址分配表，并设计梯形图及 PLC 控制 I/O 接线图。

（2）安装与接线。按接线图在模拟配线板上正确安装元器件。

（3）运行调试。正确地将所编程序输入 PLC，按照被控设备的动作要求进行运行与调试，达到设计要求。

项目六　三相异步电动机顺序控制线路安装与调试

任务 1　继电器实现的顺序控制线路安装与调试

一、填空题

1．中间继电器是将 ________ 个输入信号变成 ________ 个或 ________ 个输出信号的继电器。

2．中间继电器的触头对数较多，并且没有 ________、________ 之分，各对触头允许通过的电流大小是 ________ 的，其额定电流为 5 A。

3．要求两台及两台以上电动机启动或停止必须按一定的 ________ 来完成的控制方式称为电动机的顺序控制。

4．顺序控制按照实现方式可分为 ________ 实现顺序控制和 ________ 实现顺序控制；按照操作方式又可分为 ________ 顺序控制和 ________ 顺序控制。

二、选择题

1．中间继电器的触头（　　）。

A．只有主触头，没有辅助触头　　B．没有主触头，只有辅助触头

C．没有主、辅之分　　D．只有一个主触头

2．中间继电器的输入信号为（　　）。

A．线圈的通电和断电　　B．触头的动作

C．外部操作　　D．电源

3．顺序启动、逆序停止控制线路的结构特点是：在后得电接触器线圈回路中（　　）先得电接触器的（　　）触头就实现了顺序启动，在先得电接触器停止按钮两端（　　）后得电接触器的（　　）触头就实现了逆序停止。

A．串联　常开　并联　常开　　B．并联　常开　串联　常闭

C．串联　常闭　并联　常开　　D．串联　常闭　并联　常闭

三、问答题

1．什么是顺序控制？

2．图 6–1–1 所示是两种实现电动机顺序控制的线路图，分析两种线路各有什么结构特点？简要说明其控制功能。

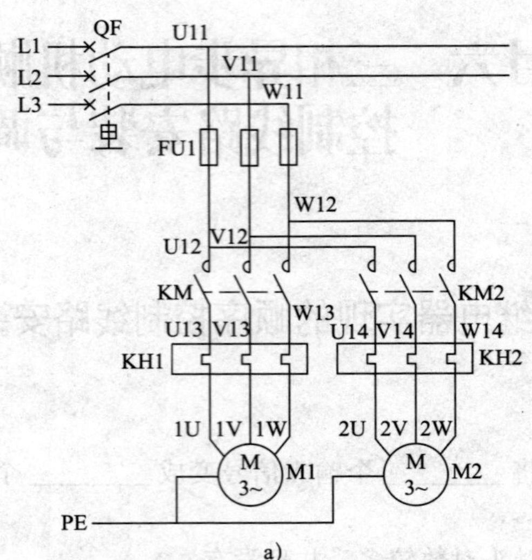

a)

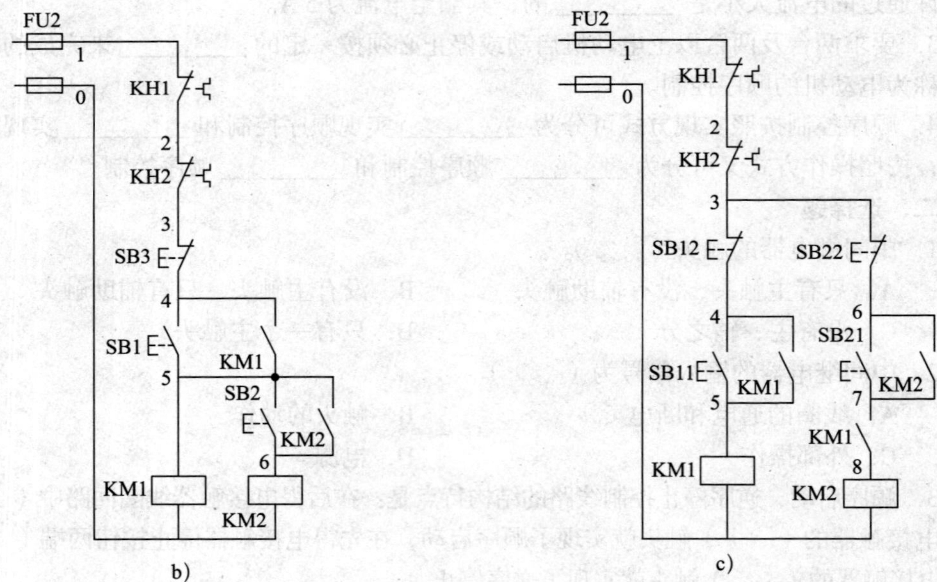

b)　　c)

图 6–1–1　两台电动机顺序控制线路图

四、故障分析题

在图 6-1-1b 所示两台电动机手动切换顺序控制线路的操作中，如发生表 6-1-1 所述故障现象时，分析故障原因，写出检查及处理方法。

表 6-1-1　两台电动机手动切换顺序控制线路故障分析

故障现象	故障原因分析	检查及处理方法
按下 SB11 时，电动机 M1 正常启动，再按下 SB21 时，电动机 M2 不能启动		

任务 2　PLC 实现的顺序控制线路安装与调试

一、填空题

1. PLC 的辅助继电器也称 ______________，它没有向外的任何联系，只供 __________ 编程使用。

2. PLC 的辅助继电器触点不能 __________ 驱动外部负载，外部负载的驱动必须通过 __________ 继电器来实现。

3. 计数器是 PLC 内部的重要元件，它是在 CPU 执行扫描操作时对 ____________ 的信号进行计数。

4. 计数器的当前值等于设定值时，其常开触点 ____________，常闭触点 ____________。复位输入电路信号为 ____________ 时，计数器被复位，复位后，其常开触点 ____________，常闭触点 ____________，当前值为 _________。

二、选择题

1. C0 ~ C199 属于（　　）计数器。

A. 8 位　　B. 16 位　　C. 32 位　　D. 高速

2. C200 ~ C234 属于（　　）计数器。

A. 8 位　　B. 16 位　　C. 32 位　　D. 高速

3. C235 ~ C255 属于（　　）计数器。

A. 8 位　　B. 16 位　　C. 32 位　　D. 高速

三、程序设计题

1. 某电路时序图如图 6–2–1 所示，在按钮 X000 按下后 Y000 变为 ON 状态并自保持，X001 输入 4 个脉冲后（计数器 C1 计数），T10 开始定时，5 s 后 Y000 变为 OFF 状态，同时 C1 被复位，在 PLC 刚开始执行用户程序时，C1 也被复位。根据上述要求设计该控制线路的梯形图。

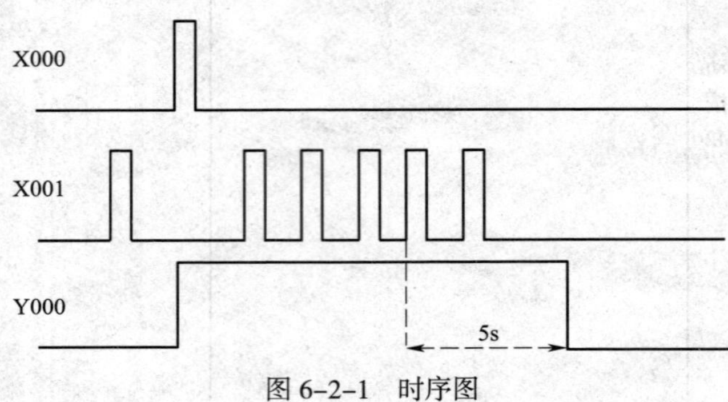

图 6–2–1　时序图

2. 设某设备有两台电动机，要求用PLC实现用一个按钮同时对两台电动机进行控制，具体要求为：第1次按下按钮时只有第1台电动机工作；第2次按下按钮时第1台电动机停车，第2台电动机工作；第3次按下按钮时两台电动机同时停车。设计满足该控制要求的程序并调试。

项目七　三相异步电动机制动控制线路安装与调试

任务 1　继电器实现的制动控制线路安装与调试

一、填空题

1．制动是指给电动机一个与其原来转动方向 ____________ 的转矩使它迅速停转（或限制其转速）。电动机制动的方法一般有两类，即 ____________ 制动和 __________ 制动。

2．利用 __________ 装置使电动机断开电源后迅速停转的方法称为机械制动。机械制动常用的方法有 ______________________ 制动和 ______________________ 制动。

3．电气制动就是在电动机切断电源停转的过程中，产生一个与电动机实际旋转方向相反的 ________________ 力矩（制动力矩），从而迫使电动机迅速制动停转的方法。

4．反接制动是依靠改变三相异步电动机定子绕组中三相电源的 __________ 来产生制动力矩，迫使电动机迅速停车的方法。在反接制动过程中，当电动机转速接近 __________ 时，应利用 __________ 继电器立即将反接电源 __________，否则电动机将 __________。

5．能耗制动方法是在切断电动机 __________ 电源后，在任意两相定子绕组通入 __________ 电源，让电动机产生一个与惯性转动方向相反的 __________ 力矩而使电动机迅速停转，并在制动结束后将直流电源 __________。

6．能耗制动的优点是 ____。

二、选择题

1．电动机反接制动的性能特点是（　　）。

A．制动力强、制动准确　　　　B．制动力强、制动不够准确

C．制动力弱、制动准确　　　　D．制动力弱、制动不够准确

2．在图 7–1–1 所示控制线路的操作中，按下停止按钮 SB2 后，电动机出现了反转现象，其故障原因是（　　）。

A．KM1 自锁触头不能复位　　　　B．KM2 自锁触头不能复位

C．KS 触头不能复位　　　　D．KM1、KM2 自锁触头均不能复位

3. 在图 7-1-1 所示控制线路的操作中，若接触器 KM1 线圈不能得电，则故障现象是（　　）。

A. 电动机不能启动运转　　B. 电动机不能停止

C. 电动机能停止但无制动　　D. 电动机烧毁

4. 在图 7-1-1 所示控制线路的操作中，若接触器 KM2 线圈不能得电，则故障现象是（　　）。

A. 电动机不能启动运转　　B. 电动机不能停止

C. 电动机能停止但无制动　　D. 电动机烧毁

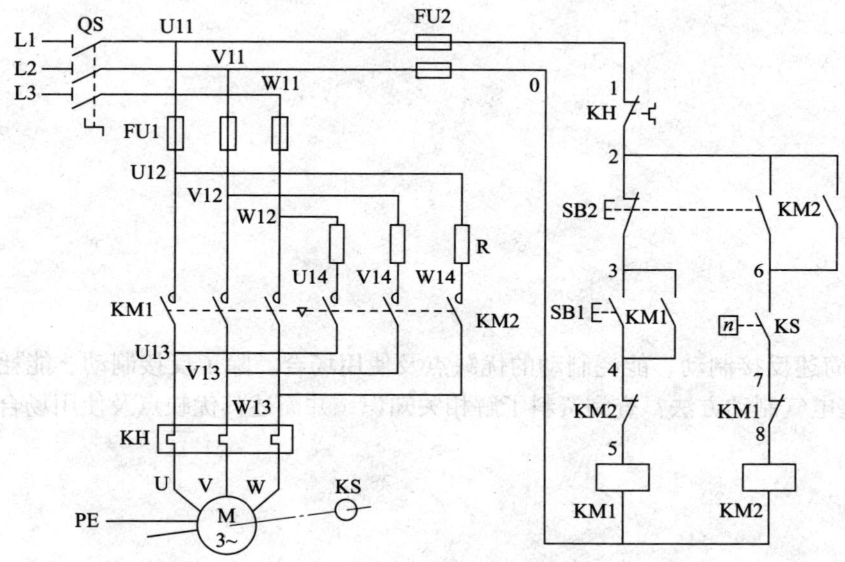

图 7-1-1　电动机单向启动反接制动控制线路图

5. 在电动机能耗制动过程中，制动力矩随着电动机转速（　　）而逐渐（　　）。

A. 减小　增强　　B. 减小　减弱

C. 增加　增强　　D. 增强　减弱

6. 能耗制动作用的强弱与（　　）的大小和电动机的（　　）有关。

A. 直流电流　转速　　B. 交流电流　转矩

C. 交流电流　转速　　D. 直流电流　转矩

7. 能耗制动时，一般取直流电流为电动机空载电流的（　　）倍，过大会使电动机定子过热。

A. 5 ~ 6　　B. 3.5 ~ 4　　C. 3 ~ 5　　D. 3 ~ 6

三、问答题

1. 对三相异步电动机采取制动的目的是什么？

2．简述反接制动、能耗制动的优缺点及使用场合。除了反接制动、能耗制动外，还有哪些电气制动方法？查阅资料了解相关知识，并简述其优缺点及使用场合。

3. 在图 7-1-2 所示三相异步电动机能耗制动控制线路原理图中，KT 瞬时闭合常开触头的作用是什么？简述该电路的工作原理。

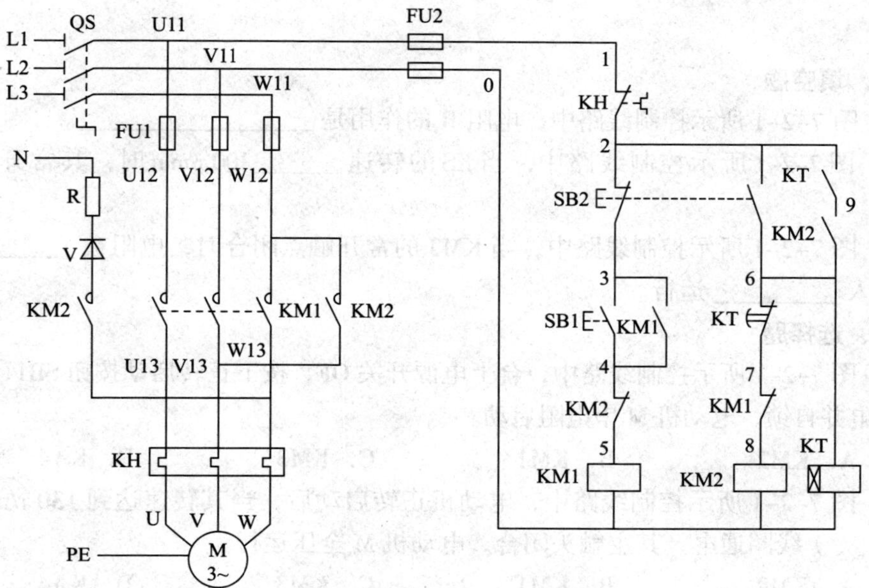

图 7-1-2 三相异步电动机能耗制动控制线路原理图

任务 2　PLC 实现的制动控制线路安装与调试

一、填空题

1．图 7–2–1 所示控制线路中，电阻 R 的作用是 ________________。

2．图 7–2–1 所示控制线路中，当 KS 的转速 ______100 r/min 时，其常开触点断开。

3．图 7–2–1 所示控制线路中，当 KM3 的常开触点闭合时，电阻被 ________，电动机进入 _________ 运行。

二、选择题

1．图 7–2–1 所示控制线路中，合上电源开关 QF，按下正转启动按钮 SB1，（　　）线圈通电并自锁，电动机 M 串电阻启动。

A．KM2　　B．KM1　　C．KM3　　D．KA4

2．图 7–2–1 所示控制线路中，电动机正转启动后，当其转速达到 130 r/min 左右时，（　　）线圈通电，其主触头闭合，电动机 M 全压运行。

A．KM2　　B．KM1　　C．KM3　　D．KA4

3．图 7–2–1 所示控制线路中，电动机正转需要停机时，按下按钮（　　），（　　）接触器线圈失电，（　　）线圈得电，电动机 M 串电阻反接制动。

A．SB3　KM2 和 KM3　KM1　　B．SB2　KM1 和 KM2　KM3

C．SB3　KM1 和 KM3　KM2　　D．SB1　KM1 和 KM2　KM3

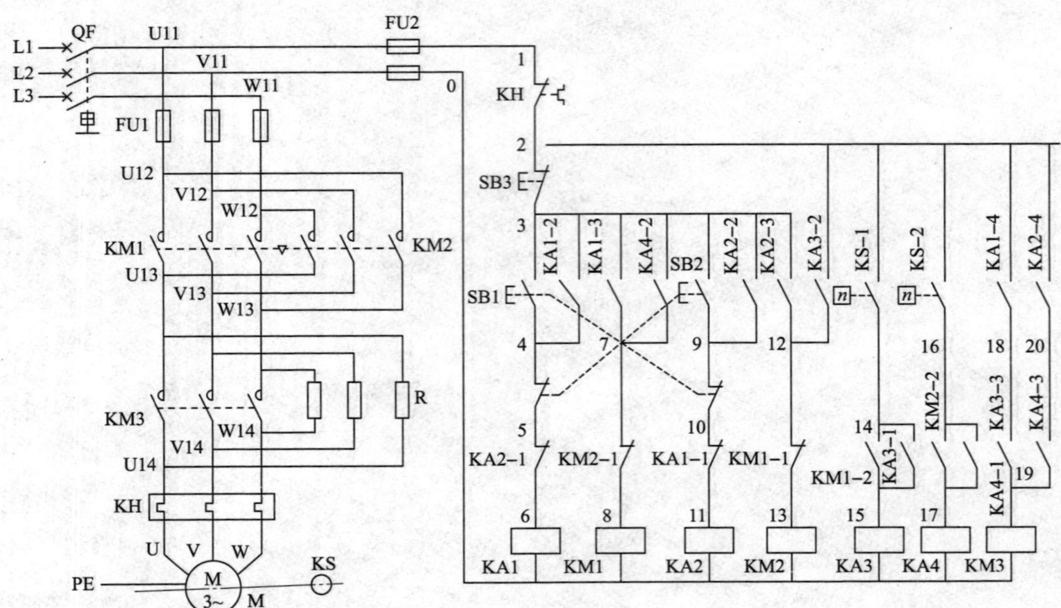

图 7–2–1　具有反接制动电阻的双向启动反接制动控制线路

4. 上题中，电动机串电阻反接制动，待转速降至（　　）r/min 左右时，速度继电器的常开触头（　　），KM2 线圈失电，电动机 M 停机。

A. 130　断开　　　B. 100　断开

C. 100　闭合　　　D. 130　闭合

三、程序设计题

用 PLC 实现上一任务中图 7-1-2 所示控制线路的控制功能。

1. 列出 I/O 地址分配表。

2. 画出 PLC 的外部接线示意图。

3. 编写梯形图。

项目八　PLC 步进顺控指令的应用

任务 1　动力头进给的 PLC 控制

一、填空题

1．一个控制过程可分为若干个状态，这些状态被称为 ____________。

2．功能图从结构上可分为 _________ 顺序结构、_________ 顺序结构、_________ 顺序结构和循环结构四种。

3．步进逻辑公式设计法就是通过步进逻辑公式，列出每个 _________ 的逻辑代数式后，再利用“启 - 保 - 停”电路，通过 PLC 的基本指令，画出每个程序步的 _________ 的方法。

4．步进顺序控制设计法实际上是用 _________ 控制代表各步的编程元件（例如辅助继电器 M 和状态继电器 S），再用它们控制 _________。步是根据 _________ 的状态来划分的。

二、选择题

1．步进逻辑公式 $M_i=(X_iM_{i-1}+M_i)\overline{M_{i+1}}$ 中，i 表示（　　）。

A．当前程序步　　B．非活动步　　C．程序步　　D．活动步

2．步进逻辑公式 $M_i=(X_iM_{i-1}+M_i)\overline{M_{i+1}}$ 中，在公式左边出现的 M_i 是表示辅助继电器（　　）的符号。

A．触点　　B．线圈　　C．主触点　　D．辅助触点

3．步进逻辑公式 $M_i=(X_iM_{i-1}+M_i)\overline{M_{i+1}}$ 中，在公式右边出现的 M_i 是表示辅助继电器（　　）的符号。

A．触点　　B．线圈　　C．主触点　　D．辅助触点

4．步进逻辑公式 $M_i=(X_iM_{i-1}+M_i)\overline{M_{i+1}}$ 中的“$+M_i$”表示（　　）。

A．保持当前状态　　B．保持前一状态

C．产生后一状态　　D．结束当前状态

三、问答题

1．简述顺序功能图中“步”的含义。

2．简述步进逻辑公式设计法的编程步骤。

四、程序设计题

利用步进逻辑公式设计法，采用 PLC 控制系统实现对送料小车的三地自动往返循环控制。送料小车运行轨迹示意图如图 8–1–1 所示，其控制要求如下：

小车在初始位置时停止在原料库，当按下启动按钮 SB2 时，5 s 后送料小车载着加工原料前往加工车间，途中经过成品库撞压行程开关 SQ3，但不停下，直到到达加工车间撞压行程开关 SQ2 后才停下，自动卸料并装上成品，5 s 后返回。

当送料小车返回成品库时，撞压行程开关 SQ3，停下 5 s 后，将产品卸下，然后空车返回加工车间，到达加工车间撞压行程开关 SQ2 后停下，将废品装车。5 s 后装上废品的送料小车返回原料库，在返回途中经过成品库，撞压行程开关 SQ3 但不停下，直到到达原料库撞压行程开关 SQ1 后才停下，自动卸下废品，并装上原料。

5 s 后送料小车重复上述过程进行送料，如此自动循环下去。

如需小车停下，只要按下停止按钮 SB1 即可实现。

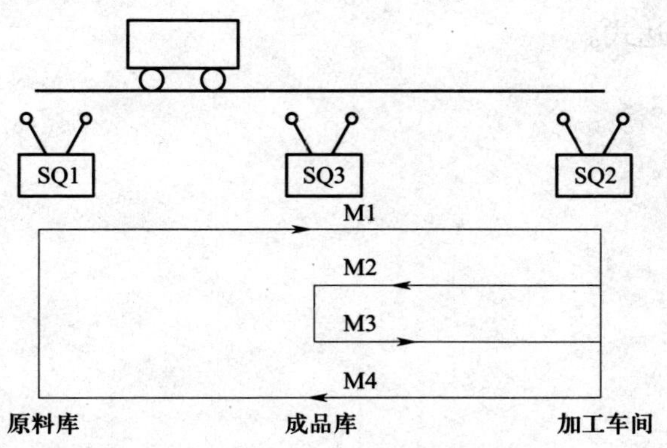

图 8-1-1 送料小车运行轨迹示意图

1. 列出 I/O 地址分配表。

2. 画出 PLC 的外部接线示意图。

3．列出逻辑表达式。

4．编写梯形图。

任务 2　多种液体自动混合装置的 PLC 控制

一、填空题

1. PLC 步进指令包括步进开始指令 ________ 和步进返回指令 ________。

2. 状态继电器（S）是对工序 __________ 编程的重要元件，经常与 __________ 指令配合使用。

3. 状态继电器（S）的使用与辅助继电器（M）相同，它既可以当 __________ 使用，也可以通过 __________、__________ 控制线圈。

4. 初始状态一般是 ______________________________ 状态。

二、选择题

1. 步进触点驱动指令的梯形图符号为（　　）。

A. —| |—　　B. —|[]|—　　C. STE　　D. STL

2. 步与步之间的状态转换需满足的条件包括（　　）。

A. 前级步必须是活动步

B. 前级步必须是非活动步

C. 与活动与否无关

D. 两步状态相同

3. 当满足某个条件后使多个分支流程同时执行的分支称为（　　）。

A. 单流程　　B. 选择分支　　C. 并行分支　　D. 汇合分支

4. 编号为 S20 ~ S499 的状态继电器（　　）。

A. 在步进程序开始时使用

B. 在多运行模式控制中，用来返回原点状态

C. 在实现顺序控制的各个步骤时使用

D. 仅作备用

5. 转换条件（　　）是外部的输入信号，（　　）是 PLC 内部产生的信号。

A. 可以　可以　　B. 可以　不可以

C. 不可以　可以　　D. 不可以　不可以

6. STL 与 RET 指令只有与（　　）配合，才能具有步进功能。

A. 定时器（T）　　B. 计数器（C）

C. 状态继电器（S）　　D. 辅助继电器（M）

三、程序设计题

电镀生产过程示意图如图 8-2-1 所示。电镀生产线采用专业行车，行车架装有可升降的吊钩。生产线定为三槽位，即清水槽、回收液槽和渡槽。行车和吊钩分别由电动机 M1、M2 拖动，行车进退和吊钩升降由限位开关控制，SQ6 为下限位开关，SQ5 为上限位开关，SQ4 为左限位开关，SQ3 为清水槽限位开关，SQ2 为回收液槽限位开关，SQ1 为渡槽限位开关。

具体工序为：工件放入渡槽→电镀 5 min 后提起，停放 30 s→放入回收液槽，32 min 后提起，停放 16 s→放入清水槽清洗 32 s，提起后停放 16 s→行车返回原点。方向如图 8-2-1 所示。

要求控制程序能实现电镀的循环。

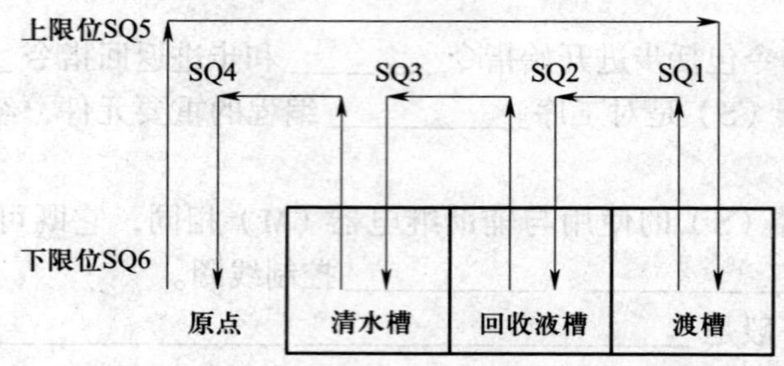

图 8-2-1　电镀生产过程示意图

1．列出 I/O 地址分配表。

2．画出 PLC 的外部接线示意图。

3．画出顺序功能图。

4．编写梯形图。

任务 3　自动门的 PLC 控制

一、填空题

1．用步进指令实现的选择序列结构编程方法主要有 ________________ 的编程方法和 ________________ 的编程方法两种。

2．一个活动步之后，紧接着有 _____ 个后续步可供 __________ 的结构形式称为选择序列。

3．如图 8–3–1 所示选择序列，当 S20 为活动步时，如果转换条件 __________ 满足，将转换到步 S21。

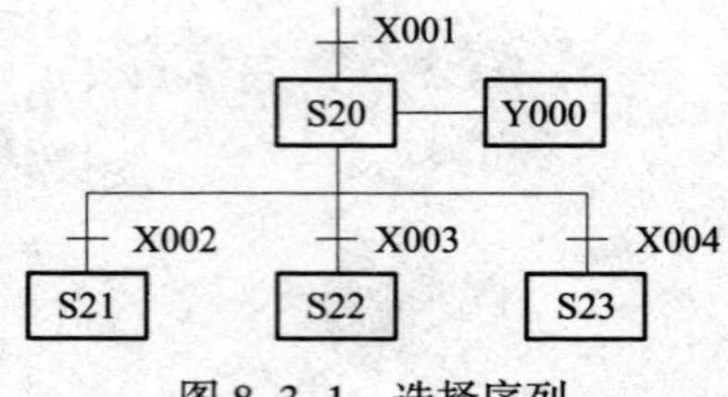

图 8–3–1　选择序列

4．选择性分支流程的各分支状态的转移由各自条件选择执行，不能进行 _____ 个或 _____ 个以上的分支状态同时转移。

5．选择性分支流程在分支时是先 __________ 后 __________；选择性分支流程在汇合时是先 __________ 后 __________。

二、选择题

1．图 8–3–2 所示顺序功能图为（　　）结构。

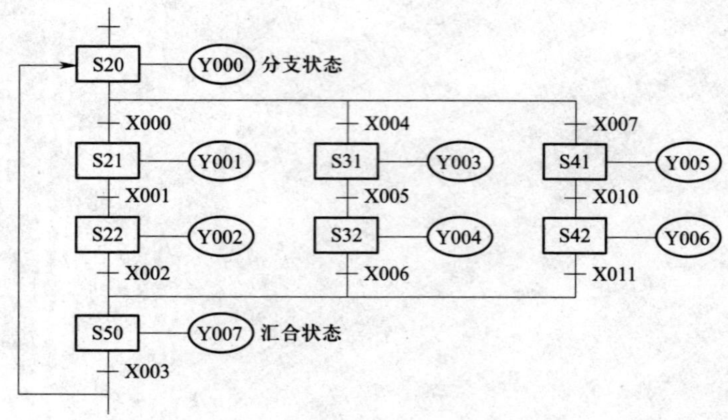

图 8–3–2　顺序功能图

A．单流程　　B．选择分支　　C．并行分支　　D．汇合分支

2．如图 8–3–2 所示顺序功能图中，S50 为汇合状态，可以由（　　）驱动。

A．X002 或 X006　　B．X002 或 X011
C．X002、X006 或 X011　　D．X006 或 X011

3．FX 系列 PLC 的分支电路可允许最多（　　）列，每列允许最多（　　）个状态。

A．8　250　　B．8　256　　C．16　256　　D．32　256

三、程序设计题

大小球分拣系统示意图如图 8-3-3 所示，其功能是使用传送带将大、小球分类选择传送。左方为原位，传送机的机械手臂上升、下降运动由一台电动机驱动，机械手臂的左行、右行运动由另一台电动机驱动。工作过程如下：机械手臂停在原位时，按下启动按钮，机械手臂下降到球箱中，如果压合下限位行程开关 SQ2，电磁铁线圈通电后，将吸住小铁球，然后机械手臂上升，右行到行程开关 SQ4 位置，机械手臂下降，将小球放进小球球箱中，最后，手臂回到原位。如果手臂由原位下降后未碰到下限位行程开关 SQ2 则电磁铁吸住的是大铁球，将大球放到大球球箱中，过程与小球类似。

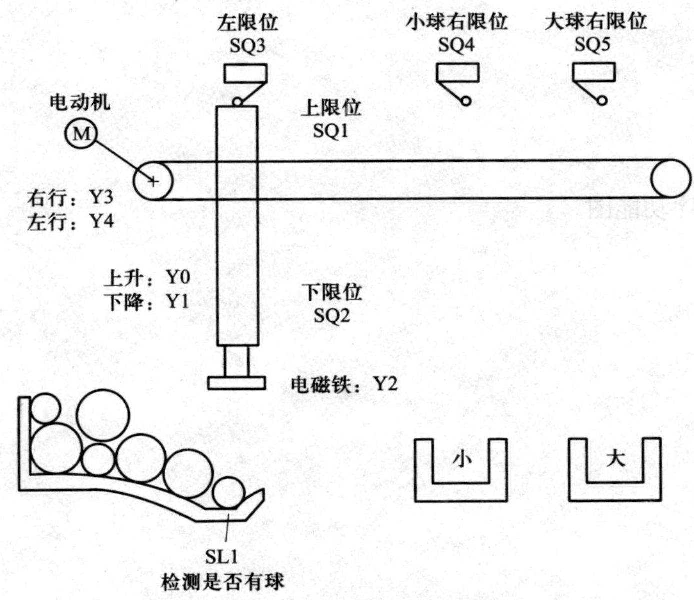

图 8-3-3　大小球分拣系统示意图

1．列出 I/O 地址分配表。

2．画出 PLC 的外部接线示意图。

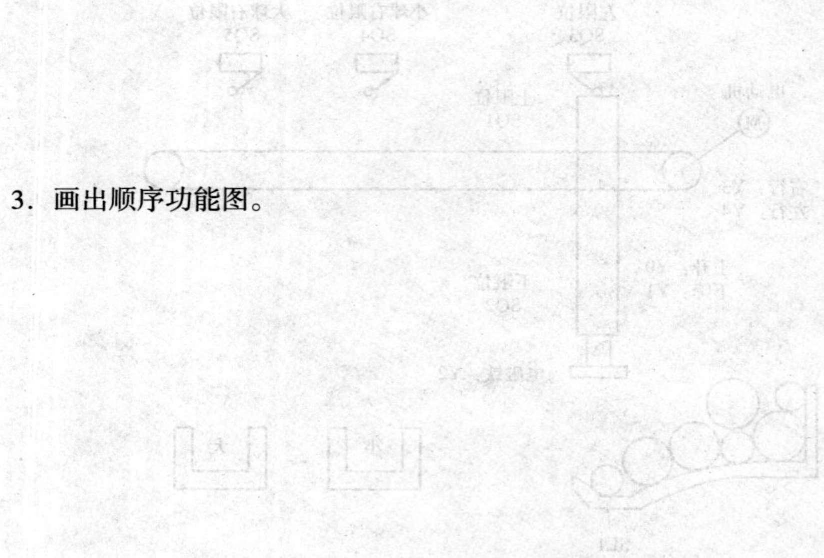

3．画出顺序功能图。

4. 编写梯形图。

任务 4　交通灯的 PLC 控制

一、填空题

1. 当条件满足后，程序将同时转移到多个分支程序执行多个流程的情况，称为 __________ 序列程序。

2. 多个流程分支可同时执行的分支流程称为 __________ 分支。

3. 并行序列顺序功能图的编程原则是先集中进行 __________ 分支处理，再集中进行 __________ 处理。

4. 处理并行汇合状态时，先使用 ________ 指令将处于各分支最后的状态分别激活。

二、选择题

1. 并行结构的开始称为（　　）。

A. 分支　　B. 起点　　C. 并接点　　D. 串接点

2. 在并行结构中，转换的实现将导致后续几个结构（　　）激活。

A. 依次　　B. 同时　　C. 按条件　　D. 顺序

3. 在顺序功能图中，并行结构为了强调转换的同步实现，水平连线用（　　）表示。

A. 单线　　B. 双线　　C. 粗实线　　D. 有向线段

三、程序设计题

1. 有一并行分支的顺序功能图如图 8-4-1 所示，将其转化为梯形图和指令语句表。

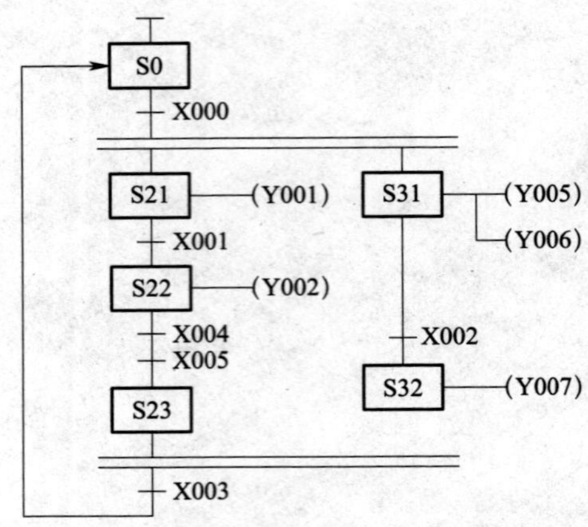

S0
X000
S21
(Y001)
S31
(Y005)
(Y006)
X001
S22
(Y002)
X004
X005
X002
S23
S32
(Y007)
X003

图 8-4-1　顺序功能图

2. 利用顺序功能图法设计十字路口交通灯 PLC 控制系统。

按下启动按钮 SB1 之后，信号灯控制系统开始工作，初始状态为东西方向红灯亮，南北方向绿灯亮。按下停止按钮 SB2 后，信号控制系统停止，所有信号灯灭。信号灯的具体变化过程如下：首先东西方向红灯亮并保持 30 s，同时南北方向绿灯亮并保持 25 s 后闪亮 3 次（每周期 1 s），之后熄灭；然后南北方向黄灯亮并保持 2 s 后熄灭，南北方向红灯亮并保持 30 s，同时东西方向红灯灭，东西方向绿灯亮 25 s 后闪亮 3 次（每周期 1 s），之后熄灭。最后东西方向黄灯亮并保持 2 s 后熄灭，东西方向红灯亮，同时南北方向红灯灭，南北方向绿灯亮，到此完成一个循环。此后，系统按此过程不断循环工作。

（1）列出 I/O 地址分配表。

（2）画出 PLC 的外部接线示意图。

（3）画出顺序功能图。

（4）编写梯形图。

项目九　PLC 功能指令的应用

任务 1　多工位运料小车系统的 PLC 控制

一、填空题

1. 在 FX 系列 PLC 中，16 位的数值传送指令是 ＿＿＿＿＿＿。

2. 数码管分为共 ＿＿＿＿ 极数码管和共 ＿＿＿＿ 极数码管。数码管与 PLC 之间 ＿＿＿＿ 联限流电阻，电源电压采用 12 V。

3. 操作数分为 ＿＿＿＿＿ 操作数和 ＿＿＿＿＿ 操作数以及其他操作数。

4. 在 FX 系列 PLC 中，功能指令分为 ＿＿＿＿＿ 执行型和 ＿＿＿＿＿ 执行型。

5. 将源操作数传送到指定的目标元件中，源操作数内的数据不变的是 ＿＿＿＿ 指令。

6. 功能指令一般由 ＿＿＿＿＿、＿＿＿＿＿、＿＿＿＿＿ 和 ＿＿＿＿＿ 组成。

二、选择题

1. FX_{3U} 系列 PLC 功能指令中包含（　　）条比较指令。

A. 1　　B. 2　　C. 3　　D. 4

2. CMP 指令的特点是（　　）。

A. 比较两个数的大小　　B. 比较三个数的大小

C. 比较四个数的大小　　D. 比较四个以上数的大小

3. 大多数功能指令有（　　）个操作数。

A. 1 ~ 4　　B. 没有　　C. 无数　　D. 5 ~ 6

4. 比较指令除了用 CMP 表示，还可以用（　　）表示。

A. FNC8　　B. FNC9　　C. FNC10　　D. FNC11

5. 连续型加法运算在执行条件满足时，（　　）。

A. 仅在一个扫描周期内相加一次

B. 每个扫描周期内会相加多次

C. 每个扫描周期都要相加一次

D. 每两个扫描周期相加一次

6.（　　）的内容不随指令执行而变化。

A. 源操作数　　B. 目标操作数

C. 源操作数和目标操作数　　D. 操作数

三、问答题

简述脉冲执行型指令和连续执行型指令的区别。

四、程序设计题

用 CMP 指令实现以下功能：X000 为脉冲输入，当脉冲数大于 10 时，Y001 为 ON；当脉冲数等于 10 时，Y002 亮 3 s 后熄灭；当脉冲数小于 10 时，Y003 为 ON。

任务 2 霓虹灯的 PLC 控制

一、填空题

1．如图 9–2–1 所示，当 X010 由 OFF → ON，执行 __________ 指令一次。X001、X000 的状态移入 __________、__________。当 X010 再一次由 OFF → ON，继续将 __________、__________ 的状态移入 __________、__________。

2．如图 9–2–1 所示，当 X011 由 OFF → ON，执行 __________ 指令一次。X1、X0 的状态移入 __________、__________。当 X011 再一次由 OFF → ON，继续将 __________、__________ 的状态移入 __________、__________。

```
 X010
─┤├──────────[SFTR   X000   M0   K16   K4  ]
 X011
─┤├──────────[SFTL   X000   M0   K16   K4  ]
```

图 9–2–1 数据移位指令应用

3．脉冲执行型位右移指令的助记符为 __________。

二、选择题

1．在 FX 系列 PLC 中，循环右移指令应用（ ）。

A．DADD　　B．SFTR　　C．ROR　　D．SFTL

2．在 FX 系列 PLC 中，位左移指令应用（ ）。

A．SFTL　　B．DDIV　　C．SFTR　　D．ADD

3．如图 9–2–1 所示，当 X010 第（ ）次由 OFF → ON 时，其状态溢出。

A．3　　B．4　　C．5　　D．6

三、程序设计题

1．有 3 盏彩灯 HL1、HL2、HL3，按下启动按钮后，HL1 亮，1 s 后 HL1 灭、HL2 亮，1 s 后 HL2 灭、HL3 亮，1 s 后 HL3 灭，1 s 后 HL1、HL2、HL3 全亮，1 s 后 HL1、HL2、HL3 全灭，1 s 后 HL1、HL2、HL3 全亮，1 s 后 HL1、HL2、HL3 全灭，1 s 后 HL1 亮，如此循环；按下停止按钮系统停止运行。使用 MOV 指令设计满足上述控制要求的梯形图程序。

（1）列出 I/O 地址分配表。

（2）画出 PLC 的外部接线示意图。

（3）编写梯形图。

2. 某艺术彩灯造型演示板如图 9-2-2 所示，图中 A、B、C、D、E、F、G、H 为八只彩灯，呈环形分布。要求按以下顺序点亮相应彩灯：

（1）按下开关 S1，八只彩灯同时点亮 1 s。

（2）A、C、E、G 四只彩灯同时点亮 2 s。

（3）八只彩灯又同时点亮 1 s。

（4）B、D、F、H 四只彩灯同时点亮 2 s。

（5）按此顺序重复执行。

（6）再次按下开关 S1，所有彩灯灭。

分别使用基本指令和功能指令编写该程序。

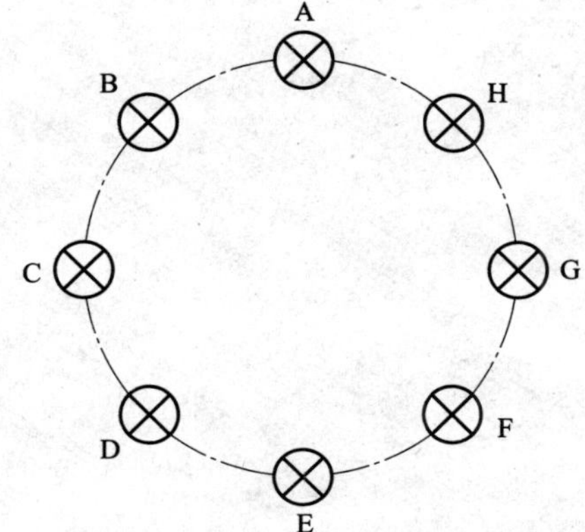

图 9-2-2 某艺术彩灯造型演示板

（1）列出 I/O 地址分配表。

（2）画出 PLC 的外部接线示意图。

（3）编写梯形图。

任务 3 自动售货机的 PLC 控制

一、填空题

1. 二进制加法指令有三个常用标志寄存器，即____________________、____________________、____________________。

2. 用乘法或除法也可以实现 8 盏流水灯的移位点亮循环。已知 K2Y0 为一组二进制代码，当 K2Y0 乘以 2 时，相当于将其二进制代码 ______ 移一位；当 K2Y0 除以 2 时，相当于将其二进制代码 ______ 移一位。

3. 如图 9-3-1 所示，M8000 是 ____________ 继电器，程序执行后，D0=_______；D1=_______；当 X000=ON 时，D0=_______；D1=_______；D2=_______。

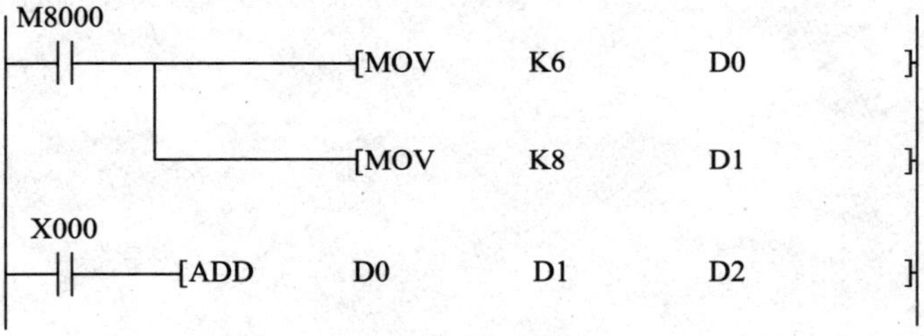

```
M8000
─┤├──┬──[MOV   K6    D0 ]
     └──[MOV   K8    D1 ]
X000
─┤├─────[ADD   D0    D1    D2 ]
```

图 9-3-1 梯形图

4. 如图 9-3-2 所示，X0=ON，当 K100_____C30 时，Y0=ON；当 K100_____C30 时，Y1=ON；当 K120_____C30 时，Y2=ON。

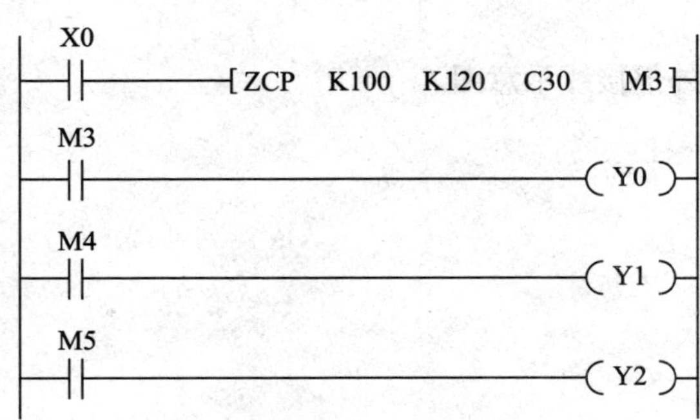

图 9-3-2 区间比较指令应用

二、选择题

1. FX_{3U} 系列 PLC 功能指令中包含（　　）条四则运算指令。

A. 4　　B. 6　　C. 8　　D. 10

2. 在 FX_{3U} 系列 PLC 中，32 位乘法指令应用（　　）。

A. DADD　　B. DMUL　　C. DSUB　　D. DDIV

3. 在 FX_{3U} 系列 PLC 中，比较两个数值的大小时用（　　）指令。

A. ZMP　　B. TM　　C. CMP　　D. C

4. 初始脉冲 M8002 的功能是（　　）。

A. 置位　　B. 复位　　C. 常数　　D. 初始化

5. 在 FX_{3U} 系列 PLC 中，32 位加法指令使用（　　）。

A. DADD　　B. ADD　　C. SUB　　D. INC

三、程序设计题

1. 设计一个密码锁控制程序，该密码锁有 3 个置数开关（12 个按钮），分别代表 3 个十进制数，若所拨数据与密码锁设定值相等，则 3 s 后开锁，20 s 后重新上锁。

（1）列出 I/O 地址分配表。

（2）画出 PLC 的外部接线示意图。

（3）编写梯形图。

2. 设计一个程序，将 K80 传送到 D0，将 K23 传送到 D10，并完成以下操作。

（1）求 D0 与 D10 的和，并将结果送到 D20 存储。

（2）求 D0 与 D10 的差，并将结果送到 D30 存储。

（3）求 D0 与 D10 的积，并将结果送到 D40、D41 存储。

（4）求 D0 与 D10 的商和余数，并将结果送到 D50、D51 存储。

3．一个如图 9-3-3 所示的环形工作台有导轨和动力系统，可供斗车行驶，工作台上有 8 个工作位，每个工作位均有一个限位开关和一个呼叫斗车的按钮。当某个工作位呼叫斗车时，系统能自动选择最短路程把斗车送到呼叫的工作位；当有工作位呼叫斗车后，其他工作位则不能呼叫，需等待斗车到位 10 s 后才能呼叫。

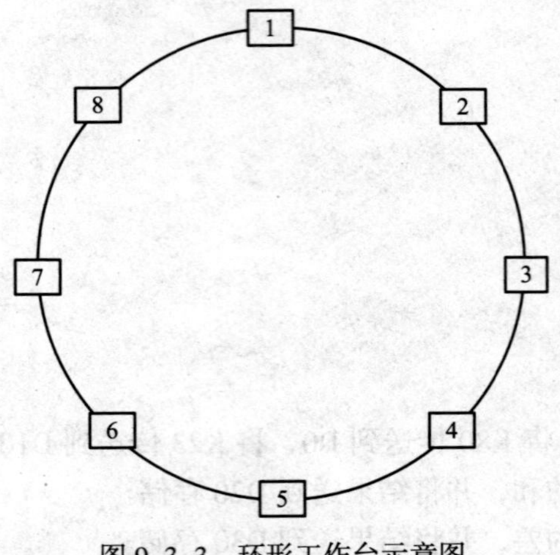

图 9-3-3　环形工作台示意图

（1）列出 I/O 地址分配表。

（2）画出 PLC 的外部接线示意图。

（3）编写梯形图。

4. 编写加热炉温度控制的程序，具体控制要求为：数据寄存器 D0 中存放的是炉内温度的当前值，当温度低于 88 ℃时，加热标志 M0 被激活，Y000 接通，加热炉开始加热；当温度高于 100 ℃时，排气标志 M1 被激活，Y001 接通，排出受热气体。试用 ZCP 指令（区间比较指令）对温度进行判断，编写梯形图。